Das Psylo-Zucht Buch

Eine Magic-Mushroom Anbauanleitung

Inhaltsverzeichnis – Kapitelübersicht

Vorwort

1. Einführung in die Züchtung von Magic Mushrooms
2. Einrichten Ihres Pilzanbauraums
3. Substratvorbereitung für die Zauberpilzzucht
4. Auswahl der richtigen Pilzarten für den Anbau
5. Impftechniken zur Erzeugung von Substrat
6. Schaffung der perfekten Umgebung für Schimmelwachstum
7. Überwachen Sie den Anbau von Zauberpilzen auf Kontamination
8. Zauberpilze ernten und trocknen
9. Zauberpilze länger haltbar machen
10. Fortgeschrittene Techniken für den Anbau von Zauberpilzen
11. Die Herstellung von Deckerde bei der Pilzzucht
12. Mycel-Anzucht auf Agar
13. Herstellung von Sporenspritzen für die Pilzzucht
14. Verwendung von Sporenspritzen für die Pilzzucht
15. Mycelgewinnung aus anderen Pilzen (Klonen)
16. "Seramis Tek" - Das professionellste Rezept
17. Pilzanbau auf Getreidebrut in großen Glasbehältern
18. Vorteile des Pilzanbaues auf Getreidebrut in Blumenschalen

Vorwort

Pilze professionell zu züchten und zu züchten erfordert ein gewisses Maß an Wissen, Geschick und Erfahrung. Dieses Kapitel beschreibt die grundlegenden Schritte der professionellen Pilzzucht und -zucht.

Auswahl an Pilzarten:
Die Auswahl der Pilzsamen ist der erste Schritt in der professionellen Pilzzucht und -zucht. Es ist wichtig, Pilze auszuwählen, die für die Wachstumsumgebung und das Klima geeignet sind.

Sterilisation:
Die Sterilisation ist ein wichtiger Schritt in der professionellen Pilzzucht und -zucht. Wir empfehlen die Verwendung einer Autoklaviermaschine, um die notwendige Ausrüstung wie Substrate und Geräte zu sterilisieren.

Untergrundvorbereitung:
Die Substratvorbereitung ist der nächste Schritt in der professionellen Pilzzucht und -zucht. Das Substrat sollte der Pilzart angepasst werden. Das Substrat kann aus einer Vielzahl von Materialien hergestellt werden, einschließlich Holz, Stroh, Sägemehl und Kaffeesatz.

Impfung:
Bei der Inokulation werden dem Substrat Pilzsporen oder Myzel hinzugefügt. Dies kann durch Sprühen, Bürsten oder Einbringen von Sporen oder Mycel auf das Substrat erfolgen. Die Inokulation sollte in einer sterilen Umgebung erfolgen, um eine Kontamination zu vermeiden.

Inkubation:
Inkubation ist der Prozess der Kultivierung des Myzels innerhalb des Substrats. Es ist wichtig, das Substrat in einer geeigneten Umgebung zu inkubieren, um ein optimales Pilzwachstum zu gewährleisten. Die Inkubationszeit hängt von der Art des Pilzes ab und kann Wochen bis Monate dauern.

Fruchtbildung:
Fruchtbildung ist der Prozess der Bildung des Pilzkörpers. Die Kontrolle der Umgebung und der Bedingungen, wie Temperatur und Feuchtigkeit, ist entscheidend für einen erfolgreichen Fruchtansatz.

Ernte:
Das Ernten ist der letzte Schritt in der professionellen Pilzanbau und -Zucht. Es ist wichtig, die Pilzkörper bei optimaler Reife zu ernten, um die bestmögliche Qualität und den bestmöglichen Ertrag zu gewährleisten.

Zusammenfassend lässt sich sagen, dass die professionelle Pilzanbau und -Zucht ein komplexer Prozess ist, der eine sorgfältige Planung, Vorbereitung und Ausführung erfordert. Es ist wichtig, sich über die spezifischen Anforderungen und Bedürfnisse der von Ihnen gewählten Pilzart zu informieren und über die notwendige Ausrüstung und Materialien zu verfügen. Mit dem richtigen Ansatz und der richtigen Erfahrung ist es jedoch möglich, hochwertige Pilze für den Verzehr und andere Zwecke anzubauen und zu ernten.

Vorwort

Pilze professionell zu züchten und zu züchten erfordert ein gewisses Maß an Wissen, Geschick und Erfahrung. Dieses Kapitel beschreibt die grundlegenden Schritte der professionellen Pilzzucht und -zucht.

Auswahl an Pilzarten:
Die Auswahl der Pilzsamen ist der erste Schritt in der professionellen Pilzzucht und -zucht. Es ist wichtig, Pilze auszuwählen, die für die Wachstumsumgebung und das Klima geeignet sind.

Sterilisation:
Die Sterilisation ist ein wichtiger Schritt in der professionellen Pilzzucht und -zucht. Wir empfehlen die Verwendung einer Autoklaviermaschine, um die notwendige Ausrüstung wie Substrate und Geräte zu sterilisieren.

Untergrundvorbereitung:
Die Substratvorbereitung ist der nächste Schritt in der professionellen Pilzzucht und -zucht. Das Substrat sollte der Pilzart angepasst werden. Das Substrat kann aus einer Vielzahl von Materialien hergestellt werden, einschließlich Holz, Stroh, Sägemehl und Kaffeesatz.

Impfung:
Bei der Inokulation werden dem Substrat Pilzsporen oder Myzel hinzugefügt. Dies kann durch Sprühen, Bürsten oder Einbringen von Sporen oder Mycel auf das Substrat erfolgen. Die Inokulation sollte in einer sterilen Umgebung erfolgen, um eine Kontamination zu vermeiden.

Inkubation:
Inkubation ist der Prozess der Kultivierung des Myzels innerhalb des Substrats. Es ist wichtig, das Substrat in einer geeigneten Umgebung zu inkubieren, um ein optimales Pilzwachstum zu gewährleisten. Die Inkubationszeit hängt von der Art des Pilzes ab und kann Wochen bis Monate dauern.

Fruchtbildung:
Fruchtbildung ist der Prozess der Bildung des Pilzkörpers. Die Kontrolle der Umgebung und der Bedingungen, wie Temperatur und Feuchtigkeit, ist entscheidend für einen erfolgreichen Fruchtansatz.

Ernte:
Das Ernten ist der letzte Schritt in der professionellen Pilzanbau und -Zucht. Es ist wichtig, die Pilzkörper bei optimaler Reife zu ernten, um die bestmögliche Qualität und den bestmöglichen Ertrag zu gewährleisten.

Zusammenfassend lässt sich sagen, dass die professionelle Pilzanbau und -Zucht ein komplexer Prozess ist, der eine sorgfältige Planung, Vorbereitung und Ausführung erfordert. Es ist wichtig, sich über die spezifischen Anforderungen und Bedürfnisse der von Ihnen gewählten Pilzart zu informieren und über die notwendige Ausrüstung und Materialien zu verfügen. Mit dem richtigen Ansatz und der richtigen Erfahrung ist es jedoch möglich, hochwertige Pilze für den Verzehr und andere Zwecke anzubauen und zu ernten.

1. Einführung in die Züchtung von Magic Mushrooms

Das Züchten von Magic Mushrooms ist eine aufregende und lohnende Erfahrung, bei der Sie Ihre eigenen psychedelischen Pilze züchten können. Magic Mushrooms, auch als Psilocybin-Pilze bekannt, enthalten eine psychoaktive Verbindung namens Psilocybin, die erhebliche Veränderungen in der Wahrnehmung, im Denken und in der Stimmung bewirken kann. Der Anbau eigener Zauberpilze ist nicht nur ein unterhaltsames und erfüllendes Hobby, sondern stellt auch sicher, dass Sie Zugang zu einer sicheren und zuverlässigen Quelle dieses natürlichen Halluzinogens haben.

Bevor Sie beginnen, ist es wichtig, die Grundprinzipien des Anbaus von Magic Mushrooms zu verstehen. Es gibt mehrere Möglichkeiten, Pilze zu züchten, aber die beliebteste und effektivste ist seine PF Tek-Methode. PF Tek steht für Psilocybe Fanaticus Technique und wurde in den 1990er Jahren von einem Pilzliebhaber namens Robert McPherson entwickelt.

Die PF Tek-Methode züchtet seine magischen Pilze auf einem Substrat aus braunem Reismehl, Vermiculit und Wasser. Das Substrat wird in einem Schnellkochtopf sterilisiert, um Bakterien und andere Verunreinigungen abzutöten, die Ihren Pilzen schaden können. Nach der Sterilisation wird das Substrat mit Pilzsporen oder Myzelien beimpft, bei denen es sich um Myzelien handelt, die zu Pilzen heranwachsen.

Sobald das Substrat inokuliert ist, wird es in einen sterilen Behälter gegeben und mehrere Wochen abbinden gelassen. Während dieser Zeit wächst das Myzel im gesamten Substrat und bildet ein Netzwerk aus weißen Fäden. Sobald das Substrat vollständig aufgebaut ist, wird es in die Fruchtkammer überführt, die ein Behälter mit hoher Luftfeuchtigkeit und guter Luftzirkulation ist. Unter diesen Bedingungen beginnt das Myzel, Pilze zu bilden, die geerntet und gegessen werden können.

Bevor Sie mit dem Anbau von Magic Mushrooms beginnen, ist es wichtig, dass Sie Ihre Nachforschungen anstellen und so viel wie möglich über den Prozess lernen. Dies hilft Ihnen, häufige Fehler zu vermeiden und sicherzustellen, dass Ihr Pilz sicher und effektiv ist. Es gibt viele online und gedruckt verfügbare Ressourcen, die detaillierte Informationen über die PF Tek-Methode und andere Pilzzuchttechniken liefern können.

Zusätzlich zum Lernen über den Anbauprozess ist es wichtig, die rechtlichen und ethischen Implikationen des Anbaus von Magic Mushrooms zu berücksichtigen. Der Besitz und Anbau von Psilocybin-Pilzen ist in vielen Ländern, einschließlich der Vereinigten Staaten, illegal. Obwohl einige Gerichtsbarkeiten Psilocybin entkriminalisiert oder legalisiert haben, ist es wichtig, den rechtlichen Status in Ihrer Region zu verstehen, bevor Sie mit dem Anbau von Pilzen beginnen. Es ist auch wichtig, verantwortungsvoll und ethisch zu handeln und die potenziellen Risiken und Vorteile dieser potenten Substanzen zu respektieren. Zusammenfassend lässt sich sagen, dass der Anbau von Zauberpilzen ein interessantes und lohnendes Hobby sein kann, mit dem Sie Ihre eigenen natürlichen Halluzinogene steigern können. Indem Sie die Grundprinzipien der Pilzzucht verstehen und die notwendigen Vorsichtsmaßnahmen treffen, können Sie sicherstellen, dass Ihre Pilze sicher und wirksam sind. Mit Übung und Geduld können Sie ein erfahrener Pilzzüchter werden und dieses einzigartige Hobby anbauen. Sie können von einem starken Hobby profitieren.

2. Einrichten Ihres Pilzanbauraums

Bevor Sie mit dem Züchten von Magic Mushrooms beginnen, müssen Sie Ihren Pilzanbauraum einrichten.
Hier sind einige Tipps für die Einrichtung Ihres Raums, um Ihre Erfolgschancen zu maximieren:

Wählen Sie einen sauberen und gut belüfteten Bereich:
Ihr Pilzanbauraum sollte frei von Verunreinigungen wie Schimmel, Bakterien und Schädlingen sein. Der Bereich sollte auch gut belüftet sein, um die Ansammlung von Kohlendioxid zu verhindern, das für deine Pilze schädlich sein kann.

Berücksichtige Temperatur und Luftfeuchtigkeit:
Verschiedene Sorten von Magic Mushrooms haben unterschiedliche Anforderungen an Temperatur und Luftfeuchtigkeit. Im Allgemeinen wachsen Magic Mushrooms am besten bei Temperaturen zwischen 18-24°C (64-75°F) und einer relativen Luftfeuchtigkeit von 80-90%. Möglicherweise müssen Sie ein Thermometer und ein Hygrometer verwenden, um die Temperatur und Luftfeuchtigkeit in Ihrem Anbauraum zu überwachen.

Verwenden Sie die richtige Beleuchtung:
Während Magic Mushrooms kein direktes Sonnenlicht benötigen, um zu wachsen, brauchen sie etwas Licht. Sie können Leuchtstoff- oder LED-Leuchten verwenden, um das notwendige Licht für das Wachstum Ihrer Pilze bereitzustellen. Vermeiden Sie die Verwendung von Glühlampen, da diese zu viel Wärme erzeugen können.

Bereiten Sie Ihr Substrat vor:
Das Substrat ist das Material, auf dem Ihre Zauberpilze wachsen werden. Beliebte Substrate sind Vermiculit, braunes Reismehl und Stroh. Sie sollten Ihr Substrat gemäß den Anweisungen für die von Ihnen gewählte Anbaumethode vorbereiten.

Sterilisiere deine Ausrüstung und dein Substrat:
Bevor du mit dem Anbau von Magic Mushrooms beginnst, ist es wichtig, deine Ausrüstung und dein Substrat zu sterilisieren, um eventuell vorhandene Verunreinigungen abzutöten. Sie können einen Schnellkochtopf, einen Autoklaven oder chemische Sterilisationsmethoden verwenden, um Ihre Ausrüstung und Ihr Substrat zu sterilisieren.

Wähle eine Anbaumethode:
Es gibt mehrere Methoden, mit denen Du Magic Mushrooms anbauen kannst, darunter die PF-Tek-Methode, die Monotub-Methode und die Bulk-Methode. Jede Methode hat ihre eigenen Vor- und Nachteile, daher ist es wichtig, dass Sie Ihre Nachforschungen anstellen und die Methode auswählen, die für Sie am besten geeignet ist.

Erstellen Sie eine Fruchtkammer:
Sobald Ihr Substrat vorbereitet und sterilisiert ist, müssen Sie eine Fruchtkammer erstellen, damit Ihre Pilze wachsen können. Eine Fruchtkammer ist ein Behälter, der die ideale Umgebung für die Entwicklung Ihrer Pilze bietet. Du kannst eine Plastikwanne oder ein Zuchtzelt als Fruchtkammer verwenden.

Indem Sie diese Tipps befolgen, können Sie Ihren Pilzanbauraum einrichten und Ihren Zauberpilzen die besten Erfolgschancen geben. Denken Sie daran, bei Ihren Bemühungen geduldig und fleißig zu sein, da der Anbau von Zauberpilzen ein lohnender, aber herausfordernder Prozess sein kann.

3. Substratvorbereitung für die Zauberpilzzucht

Substrat ist das Material, auf dem das Zauberpilzmyzel wächst. Die Wahl des richtigen Substrats ist wichtig, da es das Pilzwachstum und den Ertrag direkt beeinflusst.
Dieses Kapitel beschreibt verschiedene Arten von Substraten und wie man sie für den Anbau von Magic Mushrooms vorbereitet.

Basismaterialtyp

Es gibt verschiedene Arten von Substraten, die zum Züchten von Magic Mushrooms verwendet werden können.

Einige der häufigsten sind:

Braunes Reismehl:
Ein einfaches und einfach zu bedienendes Board, das perfekt für Anfänger geeignet ist. Mischen Sie braunes Reismehl, Vermiculit und Wasser.

Roggenkorn:
Roggenkorn ist ein weiteres beliebtes Substrat, das oft zum Züchten von Magic Mushrooms verwendet wird. Es ist ein sehr nahrhaftes Substrat, das hohe Pilzerträge unterstützen kann.

Stroh:
Stroh ist ein billiges und gängiges Substrat, das zum Züchten von Magic Mushrooms verwendet werden kann. Allerdings ist es etwas schwieriger zu verarbeiten als andere Substrate.

Kompost:
Kompost ist ein nährstoffreiches Substrat, das zum Züchten von Magic Mushrooms verwendet werden kann. Es wird durch Mischen verschiedener organischer Materialien wie Kaffeesatz, Stroh und Sägemehl hergestellt.

Material Vorbereitung

Nachdem Sie das zu verwendende Substrat ausgewählt haben, besteht der nächste Schritt darin, die Zauberpilze für die Kultivierung vorzubereiten. Der Vorbereitungsprozess hängt von der Art des verwendeten Materials ab.

Bereiten Sie braunes Reismehl vor
Um das braune Reismehlsubstrat zuzubereiten, benötigen Sie die folgenden Zutaten:

- braunes Reismehl
- Vermiculit
- Wasser
- Rührschüssel
- Löffel
- Gläser

Hier sind die Schritte zur Vorbereitung des braunen Reismehlsubstrats:

- Mischen Sie 1 Teil Vermiculit mit 2 Teilen braunem Reismehl in einer Rührschüssel. Fügen Sie der Mischung Wasser hinzu und rühren Sie, bis sie eine leicht feuchte Konsistenz hat.

- Gießen Sie die Mischung in Glasgefäße und autoklavieren Sie sie bei 15 PSI für 60-90 Minuten, um sie zu sterilisieren.

Zubereitung von Roggen

Für die Zubereitung des Roggenkornsubstrats benötigen Sie folgende Zutaten:

- Roggen
- Wasser
- Rührschüssel
- Löffel
- Gläser

So bereiten Sie das Roggenkornsubstrat vor:

- Die Roggenkörner kalt abspülen und über Nacht einweichen.

- Das Wasser abgießen und die Roggenkörner in eine Rührschüssel geben.

- Fügen Sie der Mischung Wasser hinzu und rühren Sie, bis sie eine leicht feuchte Konsistenz hat. Gießen Sie die Mischung in Glasgefäße und autoklavieren Sie sie bei 15 PSI für 60–90 Minuten, um sie zu sterilisieren.

Bereite das Stroh vor:

Um das Strohsubstrat vorzubereiten, benötigen Sie folgende Zutaten:

- Stroh
- Wasser
- großer Topf
- Thermometer
- Rührschüssel
- Löffel
- Gläser

Hier sind die Schritte zur Vorbereitung des Strohsubstrats:

- Schneiden Sie die Strohhalme in kleine Stücke und legen Sie sie in einen großen Topf.

- Einen Strohhalm Wasser in den Topf geben und auf 160-180°F erhitzen.

- Überwachen Sie die Wassertemperatur mit einem Thermometer und halten Sie sie für 1-2 Stunden bei 160-180°F.

- Das Wasser aus dem Topf abgießen und die Strohhalme in die Rührschüssel geben. Fügen Sie der Mischung Wasser hinzu und rühren Sie, bis sie eine leicht feuchte Konsistenz hat.

- Gießen Sie die Mischung in Glasgefäße und autoklavieren Sie sie bei 15 PSI für 60–90 Minuten, um sie zu sterilisieren.

Zubereitung von Roggen

Für die Zubereitung des Roggenkornsubstrats benötigen Sie folgende Zutaten:

- Roggen
- Wasser
- Rührschüssel
- Löffel
- Gläser

So bereiten Sie das Roggenkornsubstrat vor:

- Die Roggenkörner kalt abspülen und über Nacht einweichen.

- Das Wasser abgießen und die Roggenkörner in eine Rührschüssel geben.

- Fügen Sie der Mischung Wasser hinzu und rühren Sie, bis sie eine leicht feuchte Konsistenz hat. Gießen Sie die Mischung in Glasgefäße und autoklavieren Sie sie bei 15 PSI für 60–90 Minuten, um sie zu sterilisieren.

Bereite das Stroh vor:

Um das Strohsubstrat vorzubereiten, benötigen Sie folgende Zutaten:

- Stroh
- Wasser
- großer Topf
- Thermometer
- Rührschüssel
- Löffel
- Gläser

Hier sind die Schritte zur Vorbereitung des Strohsubstrats:

- Schneiden Sie die Strohhalme in kleine Stücke und legen Sie sie in einen großen Topf.

- Einen Strohhalm Wasser in den Topf geben und auf 160-180°F erhitzen.

- Überwachen Sie die Wassertemperatur mit einem Thermometer und halten Sie sie für 1-2 Stunden bei 160-180°F.

- Das Wasser aus dem Topf abgießen und die Strohhalme in die Rührschüssel geben. Fügen Sie der Mischung Wasser hinzu und rühren Sie, bis sie eine leicht feuchte Konsistenz hat.

- Gießen Sie die Mischung in Glasgefäße und autoklavieren Sie sie bei 15 PSI für 60–90 Minuten, um sie zu sterilisieren.

Kompost vorbereiten

Um eine Kompostbasis vorzubereiten, benötigen Sie die folgenden Materialien:

- Kompostmaterial (Kaffeesatz, Stroh, Sägemehl etc.)
- Wasser
- großer Behälter

Substratvorbereitung für den Anbau von Magic Mushrooms:

Die Substratvorbereitung ist einer der wichtigsten Schritte im Zauberpilz-Kultivierungsprozess. Das Substrat dient als Wachstumsmedium für das Myzel, um zu gedeihen und schließlich Pilze zu produzieren. Es ist wichtig, ein nahrhaftes und schadstofffreies Substrat zu haben.

Es gibt verschiedene Arten von Substraten, die zum Züchten von Magic Mushrooms verwendet werden können, aber das gebräuchlichste ist eine Mischung aus Vermiculit, braunem Reismehl und Wasser. Diese Mischung ist als seine PF Tek (Psilocybe Fanaticus Technique) bekannt, die in den 1990er Jahren von Robert McPherson entwickelt wurde. Um das PF Tek-Substrat vorzubereiten, sollten die folgenden Materialien gesammelt werden.

- Vermiculit
- braunes Reismehl
- Wasser
- Einmachglas in Quartgröße mit Deckel und Schnur
- großer Topf mit Deckel
- Rührschüssel
- Rührlöffel
- Schnellkochtopf oder Dampfsterilisator

Die Schritte zur Vorbereitung des Substrats mit der PF-Tek-Methode sind:

Trockene Zutaten mischen:
Mischen Sie in einer Rührschüssel 2 Teile Vermiculit, 1 Teil braunes Reismehl und 1 Teil Wasser. Gut mischen, bis die Zutaten gleichmäßig verteilt sind.

Wasser hinzufügen:
Unter Rühren langsam Wasser in die Mischung geben, bis das Substrat gleichmäßig benetzt ist. Das Material sollte feucht, aber nicht zu nass sein.

Glas füllen:
Füllen Sie jedes quartgroße Einmachglas mit der Substratmischung und lassen Sie oben etwa 1/2 Zoll Kopffreiheit.

Deckel schließen:
Setzen Sie den Deckel und das Band auf das Glas und ziehen Sie es fest.

Gläser sterilisieren:
Stellen Sie die Gläser in einen großen Topf und füllen Sie so viel Wasser ein, dass die Gläser mindestens 2,5 cm bedeckt sind. Decken Sie den Topf ab und bringen Sie das Wasser zum Kochen. Sterilisiere die Gläser, indem du sie mindestens 1 Stunde lang kochst.

Kühlen wir uns ab:
Nach der Sterilisation die Pfanne vom Herd nehmen und die Gläser auf Raumtemperatur abkühlen lassen. Inokulieren:
Sobald das Glas abgekühlt ist, kann es mit Sporen oder Myzel beimpft werden. Es verwendet eine sterile Spritze, um Sporen oder Myzel in das Substrat zu injizieren.

Inkubieren:
Bewahren Sie die Gläser nach der Inokulation an einem warmen, dunklen Ort auf, damit das Myzel wachsen kann. Dieser Vorgang wird als Inkubation bezeichnet und dauert je nach Pilzart und Umgebungsbedingungen 1-4 Wochen.

Die Substratvorbereitung ist ein kritischer Schritt im Zauberpilz-Kultivierungsprozess. Es ist wichtig, das Verfahren sorgfältig zu befolgen und eine sterile Umgebung aufrechtzuerhalten, um eine Kontamination zu vermeiden. Sobald das Substrat vorbereitet und geimpft ist, können Sie Ihre eigenen magischen Pilze züchten.

4. Auswahl der richtigen Pilzarten für den Anbau

Die Wahl der richtigen Pilzsorte ist eine der wichtigsten Entscheidungen beim Anbau von Magic Mushrooms. Verschiedene Arten haben unterschiedliche Wachstumsanforderungen und unterschiedliche Mengen an psychoaktiven Verbindungen, daher ist es wichtig, die richtige für Ihre Fähigkeiten und Ziele zu wählen.

Die beliebtesten Zauberpilzarten zum Züchten sind Psilocybe cubensis, Psilocybe cyanescens und Psilocybe semilanceata. Psilocybe cubensis ist aufgrund seiner einfachen Kultivierung und der reichlichen Verfügbarkeit von Sporen die häufigste Art, die von unerfahrenen Züchtern angebaut wird. Sie produziert auch relativ hohe Konzentrationen psychoaktiver Verbindungen und ist in einer Vielzahl von Stämmen mit unterschiedlichen Potenzniveaus und Wachstumseigenschaften erhältlich. Psilocybe cyanescens und Psilocybe semilanceata sind schwieriger zu kultivieren und haben spezifischere Wachstumsanforderungen, produzieren aber bekanntermaßen mehr psychoaktive Verbindungen und eignen sich für erfahrene Grower, die nach einem potenteren Produkt suchen

Berücksichtigen Sie bei der Auswahl eines Typs Faktoren wie Erfahrungsniveau, verfügbare Ausrüstung und Ressourcen sowie das gewünschte Potenzniveau. Informieren Sie sich über die spezifischen Wachstumsanforderungen Ihrer ausgewählten Art, wie Temperatur, Feuchtigkeit, Substrat und Lichtverhältnisse, um sicherzustellen, dass Sie bereit sind, die notwendigen Bedingungen für eine erfolgreiche Kultivierung zu schaffen.

Berücksichtigen Sie auch den lokalen Rechtsstatus der ausgewählten Arten. Der Anbau von Zauberpilzen ist in vielen Ländern illegal, und selbst dort, wo es legal ist, können einige Arten verboten oder stark reguliert sein. Überprüfen Sie Ihre lokalen Gesetze und Vorschriften, bevor Sie mit dem Anbau beginnen.

Zusammenfassend lässt sich sagen, dass die Auswahl der richtigen Pilzsorte ein wichtiger Schritt beim erfolgreichen Anbau von Magic Mushrooms ist. Berücksichtigen Sie Faktoren wie Erfahrungsniveau, gewünschtes Potenzniveau, gesetzliche Beschränkungen und recherchieren Sie die spezifischen Wachstumsanforderungen Ihrer ausgewählten Art, um eine erfolgreiche Ernte sicherzustellen.

5. Impftechniken zur Erzeugung von Substrat

Bei der Inokulation werden Pilzsporen oder Myzelien auf ein Substrat aufgebracht, das als Wachstumsmedium für den Pilz dient. Es gibt mehrere Methoden zum Impfen des Substrats, jede mit Vor- und Nachteilen. Nachfolgend sind einige der gebräuchlichsten Impftechniken aufgeführt.

Sporeninjektionsimpfung:
Dies ist die häufigste und einfachste Impfmethode. Sporen werden von reifen Bakterien geerntet und in einer sterilen Lösung in einer Spritze suspendiert. Dann wird eine Sporenlösung in das Substrat injiziert und das Myzel wächst aus den Sporen. Der Nachteil dieser Methode besteht darin, dass es länger dauert, bis das Myzel das Substrat besiedelt, was das Kontaminationsrisiko erhöht.

Flüssigkultur-Inokulum:
Bei dieser Technik wächst das Myzel in einer flüssigen Nährlösung. Das Myzel wird mit einer Spritze auf das Substrat aufgebracht. Der Vorteil dieser Methode ist, dass das Myzel bereits wächst und sich schneller auf dem Substrat absetzt. Es erfordert jedoch mehr Ausrüstung und ist teurer als das Beimpfen mit einer Sporenspritze.

Körnerküken-Impfung:
Körnerbrut ist sterilisiertes Getreide, das mit Pilzsporen oder Myzel beimpft ist. Die Partikelbrut wird dann auf das Substrat gelegt und das Myzel besiedelt von dort aus das Substrat. Diese Methode ist schneller und birgt ein geringeres Kontaminationsrisiko als die Inokulation mit einer Sporenspritze. Die Zubereitung einer Körnerbrut erfordert jedoch mehr Zeit und Mühe.

Agarimpfung:
Bei dieser Technik wird das Myzel auf einer Agarplatte gezüchtet und dann auf ein Substrat übertragen. Die Agar-Inokulation ist eine effektive Methode zur Isolierung von Reinkulturen und ideal für fortgeschrittene Züchter, die mit verschiedenen Stämmen experimentieren möchten. Dies ist jedoch zeitaufwändig und erfordert eine spezielle Ausrüstung.

Wildvogelimpfung:
Bei diesem Verfahren werden Wildvogelsamen als Substrate verwendet und mit Pilzsporen oder Myzel beimpft. Obwohl diese Methode kostengünstig und einfach einzurichten ist, birgt sie ein hohes Kontaminationsrisiko und kann zu geringen Ausbeuten führen. Die Wahl der geeigneten Inokulationstechnik hängt von Erfahrung, verfügbarer Ausrüstung und persönlichen Vorlieben ab. Es ist wichtig, bei der Inokulation von Substraten eine aseptische Technik einzuhalten, um eine Kontamination zu verhindern und ein gesundes Pilzwachstum zu gewährleisten.

6. Schaffung der perfekten Umgebung für Schimmelwachstum

Sobald das Substrat mit Pilzsporen oder Myzel beimpft ist, schafft es die richtige Umgebung für das Wachstum des Pilzes.Es ist wichtig, Ihre Bedürfnisse zu erforschen. Im Allgemeinen gibt es mehrere wichtige Faktoren zu berücksichtigen, wenn man die optimale Umgebung für das Pilzwachstum schafft.

- **Temperatur**

Die Temperatur ist einer der wichtigsten Faktoren bei der Schaffung einer günstigen Umgebung für
das Pilzwachstum. Verschiedene Pilzarten haben unterschiedliche Temperaturanforderungen, aber die meisten Pilze wachsen am besten bei Temperaturen zwischen 65 und 75 Grad Fahrenheit (18 bis 24 Grad Celsius). Die Aufrechterhaltung einer konstanten Temperatur während des gesamten Wachstumsprozesses ist wichtig, um sicherzustellen, dass die Pilze richtig wachsen.

- **Feuchtigkeit**

Ein weiterer wichtiger Faktor, der beim Anbau von Pilzen zu berücksichtigen ist, ist die Feuchtigkeit. Pilze brauchen eine feuchte Umgebung, um zu wachsen, aber zu viel Feuchtigkeit kann zu Schimmel führen. Die ideale Luftfeuchtigkeit für die meisten Pilzarten liegt bei etwa 90 %, dies hängt jedoch von der Art ab, die Sie anbauen. Um die richtige Luftfeuchtigkeit aufrechtzuerhalten, sollten Sie den Anbaubereich regelmäßig besprühen oder einen Luftbefeuchter verwenden.

- **Licht**

Die meisten Pilzarten benötigen nicht viel Licht zum Wachsen, aber einige benötigen eine kleine Menge Licht, um den Fruchtansatz zu induzieren. Sie sollten Sonnenlicht oder fluoreszierendem Licht ausgesetzt werden. Andere Arten wie Austernpilze benötigen überhaupt kein Licht zum Wachsen. Wenn Ihre Pilze Licht benötigen, stellen Sie sicher, dass Sie es zur richtigen Zeit und in der richtigen Intensität bereitstellen.

- **Luftstrom**

Pilze brauchen zum Wachsen frische Luft, aber zu viel Luftstrom kann sie austrocknen. Es ist wichtig, eine gute Balance der Luftströmungen im Anbaugebiet zu haben. Sie können dies erreichen, indem Sie einen Ventilator verwenden, um die Luft zirkulieren zu lassen, aber achten Sie darauf, den Ventilator nicht direkt in den Zuchtbehälter zu richten, da Sie ihn möglicherweise öffnen müssen.

- **Kohlendioxidgehalt**

Pilze verbrauchen Sauerstoff und produzieren Kohlendioxid, wenn sie wachsen. Es ist wichtig, den Kohlendioxidgehalt im Anbaugebiet zu überwachen, um zu verhindern, dass er zu hoch wird. Hohe Kohlendioxidwerte können dazu führen, dass Pilze langsam oder gar nicht wachsen. Sie können Ihren Kohlendioxidgehalt mit einem Messgerät oder Testkit messen und den Luftstrom und die Belüftung nach Bedarf anpassen, um die richtigen Werte aufrechtzuerhalten.

Insgesamt erfordert die Schaffung einer optimalen Umgebung für das Pilzwachstum eine sorgfältige Beachtung von Temperatur, Feuchtigkeit, Licht, Luftstrom und Kohlendioxidgehalt. Die Aufrechterhaltung der richtigen Bedingungen hilft Ihren Pilzen, schneller und gesünder zu wachsen und eine erfolgreiche Ernte zu gewährleisten.

7. Überwachen Sie den Anbau von Zauberpilzen auf Kontamination

Eine der größten Herausforderungen beim Anbau von Magic Mushrooms ist die Kontamination. Eine Kontamination kann in jedem Stadium des Prozesses auftreten und kann schnell das gesamte Wachstum ruinieren. Es ist daher wichtig, wachsam auf Anzeichen einer Kontamination zu achten. Dieses Kapitel erklärt, wie man den Anbau von Magic Mushrooms überwacht, um eine Kontamination zu überwachen, und was zu tun ist, wenn man eine Kontamination findet. Der erste Schritt bei der Überwachung des Anbaus auf Kontamination besteht darin, die Pilze sorgfältig zu beobachten. Achte auf Verfärbungen, ungewöhnliche Wachstumsmuster oder alles, was nicht normal aussieht. Wenn Sie eines davon bemerken, könnte dies ein Zeichen für eine Kontamination sein.

Eine andere Möglichkeit, das Wachstum und die Kontamination zu überwachen, besteht darin, das Substrat zu überprüfen. Wenn Sie Schimmel auf dem Substrat wachsen sehen, kann Ihre Ernte kontaminiert sein. Es ist wichtig, schnell zu handeln und kontaminierte Substrate zu entfernen, um eine Ausbreitung der Kontamination zu verhindern.

Ein steriler Wattestäbchen kann auch verwendet werden, um eine Probe aus dem Wachstum zu entnehmen und sie zur Analyse an ein Labor zu senden. Dies hilft bei der Identifizierung potenzieller Verunreinigungen, die im Wachstum vorhanden sein können.

Um eine Kontamination von vornherein zu vermeiden, ist es wichtig, während des gesamten Prozesses eine gute Hygiene aufrechtzuerhalten. Dazu gehören das Händewaschen vor dem Umgang mit Materialien, das Desinfizieren aller Geräte und Oberflächen sowie das Tragen von Handschuhen und Masken während der Anbauaktivitäten. Eine der häufigsten Kontaminationsquellen beim Anbau von Magic Mushrooms sind Sporen. Sporen können leicht durch die Luft reisen und auf Substraten landen und diese kontaminieren. Um dies zu verhindern, ist es wichtig, in einer sauberen, sterilen Umgebung zu arbeiten und auf Sporen zu achten.

Wenn Sie feststellen, dass Ihre Pflanzen kontaminiert sind, ist es wichtig, schnell zu handeln, um die Ausbreitung der Kontamination zu verhindern. Dazu gehört das Entfernen kontaminierter Substrate und das Beginnen des Wachstums von Grund auf. In einigen Fällen kann es möglich sein, die Ernte zu retten, indem man kontaminierte Pilze entfernt und das verbleibende Substrat mit einem Fungizid behandelt, oder es lohnt sich nicht einmal.

Zusammenfassend lässt sich sagen, dass die Überwachung des Zauberpilzwachstums und die Überwachung der Kontamination ein wichtiger Teil des Wachstumsprozesses sind. Gute Hygiene, Arbeiten in einer sauberen Umgebung und sorgfältige Beobachtung von Pilzen und Substraten können eine Kontamination verhindern. Handeln Sie schnell, um zu verhindern, dass die gesamte Ernte ruiniert wird.

8. Zauberpilze ernten und trocknen

Nach wochenlanger sorgfältiger Überwachung und Pflege ist es endlich an der Zeit, die Zauberpilze zu ernten. Der Prozess des Erntens und Trocknens von Pilzen ist ebenso wichtig wie die frühen Stadien des Kultivierungsprozesses. Richtige Ernte- und Trocknungstechniken stellen sicher, dass Pilze stark, aromatisch und sicher für den Verzehr sind.

- **wann ernten**

Der Erntezeitpunkt hängt von der Art des Pilzes ab, den Sie anbauen. Im Allgemeinen sollten Pilze geerntet werden, wenn der Schleier unter der Kappe aufgebrochen ist und die Kiemen vollständig freigelegt sind. Dies ist normalerweise etwa 5 bis 10 Tage, nachdem sich der Pilz vollständig gebildet hat. Außerdem sollten Pilze geerntet werden, bevor sich der Hut kräuselt oder die Ränder braun werden, da dies ein Zeichen dafür ist, dass der Pilz überreif ist.

- **Pilze ernten**

Um den Pilz zu ernten, fassen Sie die Basis des Stiels mit Daumen und Zeigefinger und drehen und ziehen Sie ihn vorsichtig nach oben. Ziehen Sie nicht zu stark, da dies das Myzel beschädigen und zukünftige Schübe erschweren kann. Verwenden Sie ein scharfes Messer oder eine Schere, um verbleibende Stiele oder Schleier abzuschneiden.

- **Pilze trocknen**

Nach dem Ernten von Pilzen ist es wichtig, sie richtig zu trocknen, um Verderb zu verhindern und die Wirksamkeit zu erhalten. Es gibt mehrere Möglichkeiten, Pilze zu trocknen.

Lufttrocknung – Für diese Methode verteilen Sie die Pilze auf einer sauberen Oberfläche in einem gut belüfteten Raum mit geringer Luftfeuchtigkeit. Verwenden Sie einen Ventilator, um die Luftzirkulation zu erhöhen und den Trocknungsprozess zu beschleunigen. Diese Methode kann je nach Größe und Feuchtigkeitsgehalt der Pilze zwischen ein paar Tagen und einer Woche dauern. Kieselgel – Kieselgel ist ein Trockenmittel, das Feuchtigkeit aus der Luft aufnimmt. Du kannst den Trocknungsprozess beschleunigen, indem du die Pilze in einen luftdichten Behälter gibst und ein Päckchen Kieselgel beilegst. Diese Methode kann 2-3 Tage dauern.

Dörrgerät – Ein Dörrgerät ist eine bequeme und effiziente Möglichkeit, Pilze zu trocknen. Ordnen Sie die Pilze einfach in einem Tablett an und stellen Sie die Temperatur auf 100-110°F ein. Diese Methode dauert 6-12 Stunden.

Welche Trocknungsmethode Sie auch wählen, es ist wichtig, Ihre Pilze regelmäßig zu überwachen, um sicherzustellen, dass sie vollständig trocken sind, bevor Sie sie lagern Es sollte leicht brechen, ohne sich zu verbiegen.

- **Aufbewahrung von Pilzen**

Wenn die Pilze vollständig trocken sind, bewahre sie in einem luftdichten Behälter an einem kühlen, dunklen Ort auf. Vermeiden Sie die Aufbewahrung im Kühlschrank oder Gefrierschrank, da sich Feuchtigkeit ansammelt und zum Verderben führt. Richtig getrocknet und gelagert können Magic Mushrooms monatelang halten, ohne an Potenz zu verlieren.

Zusammenfassend lässt sich sagen, dass das Ernten und Trocknen von Magic Mushrooms Schlüsselschritte im Kultivierungsprozess sind. Indem Sie diese Richtlinien befolgen, können Sie sicherstellen, dass Ihre Pilze stark, schmackhaft und sicher zu verzehren sind. Überwachen Sie Ihre Pilze immer auf Anzeichen von Kontamination und wenden Sie gute Hygienepraktiken an, um die Ausbreitung schädlicher Bakterien zu verhindern.

9. Zauberpilze länger haltbar machen

Sobald Sie Ihre Zauberpilze geerntet haben, ist es wichtig, sie richtig zu lagern, um eine lange Lebensdauer zu gewährleisten. Bei richtiger Lagerung können Pilze ihre Potenz und Frische lange bewahren.
Hier sind einige Tipps, damit Ihre Zauberpilze länger halten.

- **trocken:**

Richtiges Trocknen ist wichtig, bevor Zauberpilze gelagert werden. Sie können einen Dehydrator verwenden oder es natürlich trocknen lassen. Wenn Sie einen Dehydrator verwenden, befolgen Sie die Anweisungen des Herstellers. Wenn Sie an der Luft trocknen, breiten Sie die Pilze auf einem Drahtgitter oder einer sauberen Oberfläche aus, um sie in einem gut belüfteten Bereich zu trocknen. Es ist wichtig, sie vor der Lagerung vollständig trocknen zu lassen.

- **Verwenden Sie einen luftdichten Behälter:**

Wenn die Pilze trocken sind, bewahre sie in einem luftdichten Behälter auf. Dies trägt zum Schutz vor Feuchtigkeit bei, die Schimmelbildung und Verschlechterung verursachen kann. Einmachgläser und Vakuumbeutel sind gute Aufbewahrungsmöglichkeiten. Wenn Sie Einmachgläser verwenden, fügen Sie eine Trockenmittelpackung hinzu, um überschüssige Feuchtigkeit zu absorbieren.

- **Kühl und trocken lagern:**

Bewahre Magic Mushrooms an einem kühlen, trockenen Ort ohne direkte Sonneneinstrahlung auf. Die Einwirkung von Hitze und Licht kann die Wirksamkeit von Pilzen mit der Zeit verringern. Vorratsschränke und Schränke eignen sich gut zur Aufbewahrung.

- **Etikett und Datum:**

Es ist wichtig, deine Pilze für die Zukunft zu etikettieren und zu datieren. So kannst du nachverfolgen, wann sie geerntet und wie lange sie gelagert wurden. Verwenden Sie einen Marker, um das Datum und die Art des Pilzes auf den Behälter zu schreiben.

- **Einfrieren vermeiden:**

Einfrieren ist eine Methode zum Konservieren von Lebensmitteln, aber es wird nicht zum Aufbewahren von Zauberpilzen empfohlen. Das Einfrieren kann die Pilzzellen aufbrechen und dazu führen, dass sie an Potenz und Geschmack verlieren. Außerdem kann durch Feuchtigkeit beim Auftauen Schimmel entstehen.

- **Schimmelprüfung:**

Es ist wichtig, gelagerte Pilze regelmäßig auf Schimmel zu untersuchen. Wenn sich Schimmel entwickelt, entsorgen Sie die betroffenen Pilze und untersuchen Sie die restlichen Pilze sorgfältig auf Schimmel. Wenn Sie frühzeitig Schimmelpilzbefall erkennen, können Sie möglicherweise die restlichen Pilze retten.

Wenn Sie diese Tipps befolgen, können Sie Ihre Zauberpilze lange lagern und sie lange stark und frisch halten. Die richtige Lagerung kann einen großen Unterschied bei der Aufrechterhaltung der Qualität Ihrer Ernte ausmachen.

10. Fortgeschrittene Techniken für den Anbau von Zauberpilzen

Die Züchtung von Zauberpilzen ist ein sich ständig weiterentwickelndes Gebiet, und da Züchter immer geschickter und experimentierfreudiger werden, entstehen ständig neue Strategien. In diesem Kapitel können wir einige der überlegenen Strategien entdecken, die verwendet werden können, um den Ertrag und die Effizienz Ihres Zauberpilzes zu steigern.

Agarkulturen – Ein überlegener Ansatz, der unter erfahrenen Züchtern immer beliebter wird, ist die Verwendung von Agarkulturen. Agar ist eine aus Algen gewonnene gelartige Substanz, die normalerweise in der Mikrobiologie zur Entwicklung von Mikroorganismen und verschiedenen Mikroorganismen verwendet wird. Bei der Verwendung in der Pilzzucht können Agarkulturen Züchtern dabei helfen, hauptsächlich robuste und gesunde Spuren von Magic Mushrooms zu isolieren und zu vermehren. Um Agarkulturen zu verwenden, sollten Sie Agarplatten kaufen oder herstellen, sie sterilisieren und dann ein kleines Stück Myzel von einem gesunden Pilz auf die Platte geben. Dadurch kann sich das Myzel auf der Platte entwickeln und vermehren und kann dann zum Beimpfen Ihres Substrats verwendet werden.

Flüssigkulturen – Ein weiterer überlegener Ansatz für die Züchtung von Zauberpilzen ist die Verwendung von Flüssigkulturen. Flüssigkulturen enthalten eine flüssige Lösung von Vitaminen, die für die Entwicklung von Myzel am besten geeignet sind, und anschließend eine kleine Menge Pilzgewebe oder Sporen in die Lösung einbringen. Das Myzel wird sich dann für die Dauer der Flüssigkeit entwickeln und vermehren, wodurch ein konzentrierter Vorrat an Inokulum entwickelt wird, der zum Beimpfen Ihres Substrats verwendet werden kann. Flüssigkulturen können besonders grün und weniger schwierig zu bemalen sein als Agarkulturen, sie müssen jedoch vorsichtig sterilisiert werden und sind möglicherweise besonders anfällig für Kontamination.

Spawn-Taschen - Spawn-Taschen sind vorsterilisierte Beutel, die mit sterilisiertem Getreide oder Sägemehl gefüllt sind, das mit Myzel geimpft wurde. Sie sind eine praktische Möglichkeit, Ihr Substrat für die Fruchtbildung vorzubereiten, da sie den Wunsch beseitigen, Ihr persönliches Getreide oder Sägemehl zu sterilisieren. Öffnen Sie einfach den Beutel und wechseln Sie den Inhalt auf Ihre Fruchtkammer. Brutgepäck kann auch mit Agarkulturen oder Flüssigkulturen beimpft werden, um eine besonders konzentrierte Versorgung mit Myzel zu schaffen.

Monotubs – Ein Monotub ist eine Art Fruchtkammer, die entworfen wurde, um eine am besten geeignete Umgebung für das Pilzwachstum zu schaffen. Sie werden normalerweise aus einer massiven Plastiktasche gefertigt und mit Ventilatoren, Luftbefeuchtern und verschiedenen Geräten ausgestattet, um Temperatur, Feuchtigkeit und Luftstrom zu erhalten. Monotubs sind ein berühmter Wunsch unter erfahrenen Züchtern, da sie verwendet werden können, um riesige Portionen Pilze auf relativ kleinem Raum zu züchten.

Casing - Casing ist eine Methode, die eine Schicht aus nährstoffreichem Tuch auf der Spitze Ihres Substrats beinhaltet, um die Fruchtbildung anzuregen. Dies kann durch die Verwendung vieler Materialien erreicht werden, darunter Vermiculit, Kokos und Torfmoos. Das Gehäuse bildet eine feuchte Schicht auf der Spitze Ihres Substrats, die es ermöglicht, Feuchtigkeit und Temperatur zu verändern, und große und stärkere Fruchtkörper hervorbringen kann.

G2G-Transfers – G2G-Transfers (Grain-to-Grain) beinhalten das Verschieben einer kleinen Menge kolonisierten Getreides von einem Glas zum anderen, um die Entfaltung des Myzels und den Wachstumsertrag zu unterstützen. Diese Methode kann verwendet werden, um schnell ein paar Gläser mit Getreide oder Sägemehl zu inokulieren, und kann einige Male wiederholt werden, um eine größere und gezieltere Myzelversorgung zu schaffen.

Kälteschock - Kaltbetäubung ist eine Methode, bei der Ihre Fruchtkammer für kurze Zeit unblutigen Temperaturen (typischerweise um die 40 °F) ausgesetzt wird, damit die Pilze beginnen, Fruchtkörper zu bilden. Diese Methode kann besonders vorteilhaft für Spuren sein, die allmählich Früchte tragen oder einen geringen Ertrag haben, und kann zu einem Wachstum mit normalem Ertrag und Potenz beitragen.

Indem Sie eine Reihe dieser überlegenen Strategien in Ihren Magic Mushroom-Anbauprozess integrieren, können Sie Ihre Erfolgschancen erhöhen und größere, stärkere Erträge erzielen. Es ist jedoch wichtig, nicht zu vergessen, dass diese Strategien sein können.

11. Die Herstellung von Deckerde bei der Pilzzucht

Die Vorbereitung der Deckerde ist ein wichtiger Prozess in der Pilzzucht. Deckerde wird verwendet, um das Pilzwachstum zu fördern und zu schützen. Es ist eine Mischung aus verschiedenen Inhaltsstoffen, die den pH-Wert und die Feuchtigkeit anpasst, um ein optimales Wachstum zu gewährleisten. Dieses Kapitel beschreibt das Verfahren zur Herstellung einer Deckerde.

Der erste Schritt bei der Herstellung von Deckerde ist die Auswahl des richtigen Materials. Die Materialien, die verwendet werden können, variieren, aber die gebräuchlichsten sind Sägemehl, Stroh, Kaffeesatz und morsches Holz. Es ist wichtig, dass diese Materialien frei von Verunreinigungen und Chemikalien sind, da sie das Pilzwachstum beeinträchtigen können.

Der nächste Schritt besteht darin, die Zutaten in einer großen Schüssel oder einem Eimer zu vermischen. Die genauen Mengen und Arten der Zutaten hängen von der Art des Pilzes ab, den Sie züchten möchten, und können von Züchter zu Züchter variieren. % Sägemehl, 25 % Stroh und 25 % % verrottetes Holz. Kaffeesatz kann auch als Ergänzung verwendet werden, um den Stickstoffgehalt zu erhöhen.

Sobald die Zutaten gemischt sind, ist es wichtig, die Feuchtigkeit zu kontrollieren. Deckerde sollte feucht, aber nicht nass sein. Eine gute Möglichkeit, die Feuchtigkeit zu überprüfen, besteht darin, eine Handvoll Deckerde zu nehmen und sie auszudrücken. Sie fühlt sich fest an, aber die Feuchtigkeit wird freigesetzt, wenn Sie sie ausdrücken. Wenn es zu trocken ist, können Sie es mit Wasser besprühen.

Als nächstes muss die Deckerde pasteurisiert werden, um alle schädlichen Bakterien oder Pilzsporen abzutöten, die das Pilzwachstum behindern können. Geben Sie dazu die Deckerde in einen großen Topf oder Eimer mit 70 bis ~80 °C und sterilisieren Sie sie mindestens 1 Stunde. Es ist wichtig, während des gesamten Prozesses eine einheitliche Temperatur und Luftfeuchtigkeit aufrechtzuerhalten, um sicherzustellen, dass alle Teile der Deckerde pasteurisiert werden.

Sobald die Deckerde pasteurisiert ist, kann sie zur Verwendung in der Pilzzucht in Aufbewahrungsbeutel oder -behälter gegeben werden. Es ist wichtig, es an einem kühlen, dunklen und trockenen Ort aufzubewahren, um Verderb zu vermeiden.

Es gibt mehrere Variationen, wie Deckerde hergestellt wird, abhängig von den spezifischen Bedürfnissen der Pilzarten, die gezüchtet werden Einige verwenden spezielle Materialien, um den pH-Wert und die Textur der Deckerde zu optimieren.

12. Myzelkultur auf Agar

Die Myzelkultur auf Agar ist ein wichtiger Schritt in der Pilzzucht, insbesondere für das Wachstum von Pilzstämmen. Agar ist ein gelartiges Medium, das aus verschiedenen Nährstoffen und Wasser besteht und ein ideales Substrat für das Wachstum von Pilzmyzel bietet. In diesem Kapitel lernen Sie, wie Sie Ihre eigenen Agarplatten herstellen und darauf erfolgreich Myzel züchten.

Beschaffung von Materialien
Um das Myzelwachstum auf Agar zu initiieren, benötigen Sie einige Zutaten.

- Agar Pulver
- Nährstoffe (Nährhefe, Weizenkleie etc.)
- Wasser
- Einmachglas oder Petrischale
- Einweg Spritze
- Alkohol zum desinfizieren
- Laminar-Flow-Haube oder HEPA-Filter für aseptisches Arbeiten

Stellen Sie sicher, dass alle Materialien sauber und steril sind, um eine Kontamination zu vermeiden.

Herstellung von Agarplatten
Um eine Agarplatte herzustellen, müssen Sie zuerst Agarpulver und Nährstoffe in Wasser auflösen. Befolgen Sie die Packungsanweisungen für die genauen Proportionen. Erhitzen Sie die Mischung in einer Pfanne oder Mikrowelle, bis sie vollständig aufgelöst ist. Stellen Sie sicher, dass es keine Klumpen gibt.

Lassen Sie die Agarmischung etwas abkühlen, bevor Sie sie in ein Einmachglas oder eine Petrischale gießen. Füllen Sie ungefähr ein Drittel des Röhrchens mit der Agarmischung. Schließen Sie den Behälter sofort, um Verunreinigungen fernzuhalten.

Sterilisation

Die Sterilisation ist entscheidend für ein erfolgreiches Myzelwachstum auf Agar. Sterilisieren Sie dazu Einmachgläser oder Petrischalen in einem Dampfautoklaven oder in einem Topf mit kochendem Wasser. Stellen Sie sicher, dass der Behälter vollständig in Wasser getaucht ist, um eine Sterilisation zu gewährleisten. Nach dem Sterilisationsprozess sollten die Agarplatten auf Raumtemperatur abgekühlt werden. Vermeiden Sie es, die Platte mit bloßen Händen zu berühren, da dies das Kontaminationsrisiko erhöht.

Impfung

Sobald die Agarplatte vollständig abgekühlt ist, kann das Myzel auf die Platte übertragen werden. Dies geschieht am besten in einem sterilen Arbeitsbereich wie einer Laminarströmungshaube oder einem Raum mit einem HEPA-Filter.

Geben Sie eine kleine Menge des gewünschten Myzels in eine Einwegspritze und desinfizieren Sie die Nadel mit Alkohol. Stellen Sie sicher, dass sich keine Luftblasen in der Spritze befinden, und führen Sie das Myzel vorsichtig in die Mitte der Agarplatte ein.

Wiederholen Sie diesen Vorgang mit verschiedenen Myzelproben.

Die Agar-Gel-Zubereitung ist ein entscheidender Schritt beim Züchten von Myzel auf Agar. Dabei wird das Agargel in Petrischalen gegossen und sterilisiert. Erhitzen Sie dazu die Petrischale mit dem Agargel in einem Autoklaven oder Schnellkochtopf, um alle Bakterien- und Pilzsporen abzutöten. Nach der Sterilisation werden Petrischalen in einer sogenannten „Flow Hood" oder „Laminar Flow Hood" geöffnet. Eine Strömungshaube ist ein spezielles Gerät, das eine sterile Arbeitsumgebung schafft. Luft wird durch einen Filter in die Strömungshaube gesaugt und strömt in einer laminaren, gerichteten Strömung über die Arbeitsfläche. Dadurch wird verhindert, dass unsterile Luft in die Petrischale gelangt und eine Kontamination verursacht.

Um Myzel auf einem Agargel zu züchten, geben Sie eine kleine Menge des gewünschten Pilzmyzels in die Mitte des Agargels. Die Petrischale wird dann verschlossen und in einen Inkubator gestellt, um ideale Bedingungen für das Myzelwachstum zu schaffen. Dazu gehören konstante Temperatur, ausreichende Luftfeuchtigkeit und ausreichend Sauerstoff.

Während das Myzel auf dem Agargel wächst, kann es notwendig sein, das Myzel regelmäßig zu schneiden und es auf frische Agarplatten zu übertragen. Dies wird als "Sekundärkultur" bezeichnet und trägt dazu bei, das Myzel gesund und lebendig zu halten, indem schädliche Bakterien und andere Verunreinigungen daraus entfernt werden.

Nach einigen Wochen oder Monaten, je nach Pilzart, kann das Myzel auf dem Agargel reif genug sein, um auf ein geeignetes Substrat und Obst übertragen zu werden. Entnehmen Sie dazu das Myzel aus der Petrischale und legen Sie es auf das Substrat. Dort wächst das Myzel weiter und bildet einen Fruchtkörper.

Insgesamt erfordert das Züchten von Myzel auf Agar etwas Fachwissen und Erfahrung, aber es ist ein wesentlicher Schritt in der Pilzzucht, der die Kultivierung von ansonsten schwierigen oder unmöglichen Pilzsorten ermöglicht.

13. Herstellung von Sporenspritzen für die Pilzzucht

Die Herstellung von Sporenspritzen ist ein wichtiger Schritt bei der Pilzzucht, da sie eine effektive Methode zur Kultivierung von Pilzsporen auf einem Substrat und zur Förderung des Myzelwachstums bietet. Nachfolgend finden Sie eine Schritt-für-Schritt-Anleitung zur Herstellung einer Sporenspritze.

Sammlung von Pilzsporen

Der erste Schritt bei der Herstellung einer Sporenspritze ist das Sammeln von Pilzsporen. Die meisten Pilze produzieren Sporen auf der Kappe oder dem Fruchtkörper. Um Sporen zu sammeln, legen Sie die Kappe oder den Fruchtkörper auf steriles Papier oder eine sterile Petrischale. Lassen Sie es einige Stunden bis über Nacht stehen, damit die Sporen genug Zeit haben, sich abzulösen.

Arbeitsplatz desinfizieren

Bevor Sie mit der Herstellung von Sporenspritzen beginnen, ist es wichtig, den Arbeitsbereich zu sterilisieren, um eine Kontamination zu vermeiden. Arbeitsfläche gründlich reinigen und mit Alkohol desinfizieren. Wir empfehlen die Verwendung von sterilen Behältern, um Werkzeuge und Materialien steril zu halten.

Bereiten Sie die Spritze vor

Nehmen Sie eine sterile Einwegspritze und entfernen Sie die Nadel. Es wird keine Nadel benötigt, da die Sporen durch das Ende der Spritze injiziert werden. Entfernen Sie auch die Kappe von der Spritze und legen Sie sie beiseite.

Pilzsporen auf die Spritze übertragen

Nachdem die Sporen auf Papier oder einer Petrischale gesammelt wurden, können sie in eine Spritze überführt werden. Schneiden Sie ein Stück Papier oder eine Petrischale in kleine Stücke und legen Sie es in die Spritze. Füge ein paar Tropfen steriles Wasser hinzu, um die Sporen zu hydratisieren. Dann schütteln Sie die Spritze kräftig, um die Sporen zu mischen.

Spritze auf Kontamination prüfen
Bevor Sie eine Spritze verwenden, ist es wichtig, sie auf Kontamination zu überprüfen. Halten Sie die Spritze gegen ein Licht, um sicherzustellen, dass keine Partikel oder Verfärbungen in der Luft sind. Wenn Sie Anzeichen einer Kontamination sehen, entsorgen Sie die Spritze und beginnen Sie von vorne.

Aufbewahrung von Sporenspritzen
Sobald Sie eine Sporenspritze hergestellt und auf Kontamination überprüft haben, können Sie sie aufbewahren, bis Sie bereit sind, sie zu verwenden. Bewahren Sie die Spritzen an einem kühlen, dunklen Ort auf, um die Sporen vor Licht und Hitze zu schützen.

Insgesamt ist die Herstellung von Sporenspritzen eine Schlüsseltechnik in der Pilzzucht, um Pilzsporen auf Substraten zu kultivieren und das Myzelwachstum zu fördern. Erfordert eine sorgfältige Vorbereitung und eine sterile Arbeitsumgebung

14. Verwendung von Sporenspritzen für die Pilzzucht

Die Verwendung von Sporenspritzen ist eine gängige Methode der Pilzzucht, insbesondere beim Anbau von Psilocybin-Pilzen. Nachdem die Sporenspritzen erstellt wurden, können sie verwendet werden, um das Substrat zu inokulieren und das Myzelwachstum zu initiieren.

Der erste Schritt bei der Verwendung der Sporenspritze besteht darin, das Substrat für die Inokulation vorzubereiten. Je nach Pilzart und Substrat können unterschiedliche Methoden zur Vorbereitung des Substrats angewendet werden. Zum Beispiel Hitze- oder chemische Sterilisation oder Hitzepasteurisation bei niedrigen Temperaturen.

Sobald das Substrat vorbereitet ist, kann es mit einer Sporenspritze inokuliert werden. Führen Sie dazu die Spitze der Spritze in das Substrat ein und geben Sie einen kleinen Teil des Sporenabdrucks frei. Um eine Kontamination zu vermeiden, ist es wichtig, dass die Spritze während des gesamten Verfahrens steril bleibt. Myzelwachstum wird beobachtet, nachdem die Spritze in das Substrat eingeführt wurde. Dies geschieht in der Regel innerhalb von Tagen bis Wochen.

Es ist wichtig, die Sporenspritze in einer sterilen Umgebung aufzubewahren, um ihre Wirksamkeit und Langlebigkeit zu gewährleisten. Die Aufbewahrung von Sporenspritzen im Kühlschrank kann ihre Haltbarkeit verlängern, aber es ist auch wichtig, sie vor Licht und Feuchtigkeit zu schützen. Um erfolgreich Pilze mit Sporeninjektoren zu züchten, müssen mehrere Schlüsselfaktoren berücksichtigt werden. Dazu gehört die Auswahl eines geeigneten Substrats für die Pilzarten, die Schaffung einer sterilen Umgebung für die Inokulation und die Überwachung des Myzelwachstums und der Fruchtentwicklung. Auch regelmäßige Kontrollen auf Kontamination und der richtige Umgang mit Sporenspritzen tragen zum Zuchterfolg bei.

Insgesamt bietet die Verwendung eines Sporeninjektors eine einfache und effektive Möglichkeit, Pilze zu züchten, insbesondere für diejenigen, die neu in der Pilzzucht sind. Mit ein wenig Übung und Sorgfalt können Sie erfolgreich Pilze mit einem Sporeninjektor züchten. Ich freue mich darauf, es zu können um viele gesunde und nahrhafte Pilze zu produzieren.

15. Mycelgewinnung aus anderen Pilzen (Klonen)

Die Myzelextraktion aus anderen Pilzen, auch bekannt als Klonen, ist eine Technik, die von erfahrenen Pilzzüchtern verwendet wird, um die wünschenswerten Eigenschaften von Pilzstämmen zu erhalten und zu verbessern.Pflücken Sie ein kleines Stück von und übertragen Sie es auf ein neues Substrat, um eine neue Kolonie zu bilden.

Um mit dem Klonen zu beginnen, ist es wichtig, gesunde, lebendige Pilze auszuwählen, deren Eigenschaften Sie beibehalten möchten. Stellen Sie sicher, dass der Pilz frei von Krankheiten und Schädlingen ist und keine sichtbaren Anzeichen von Stress aufweist. Sobald Sie einen geeigneten Pilz gefunden haben, können Sie mit dem Klonen beginnen. Der erste Schritt besteht darin, eine sterile Petrischale mit Nähragar vorzubereiten, auf der sich das Myzel ausbreiten wird. Stellen Sie sicher, dass die Petrischale steril ist, um das Kontaminationsrisiko zu minimieren. Einige Pilzzüchter verwenden steriles Wasser oder eine Lösung aus Wasser und H_2O_2, um ihre Schalen zu sterilisieren.

Sobald die Hülle sterilisiert ist, kann das Klonen beginnen. Schneiden Sie ein kleines Stück Myzel vom Pilz Ihrer Wahl ab und geben Sie es in die vorbereitete Petrischale. Legen Sie das Myzel in die Mitte der Schale und versiegeln Sie es sofort, um die Sterilität aufrechtzuerhalten. Wiederhole diesen Vorgang für jeden Pilz, den du duplizieren möchtest.

Nach dem Überführen des Myzels in eine Petrischale lässt man es mehrere Tage bei Raumtemperatur wachsen, bis es sich auf der Oberfläche ausbreitet. Achten Sie darauf, die Schale während dieser Zeit nicht zu bewegen oder zu öffnen, um das Kontaminationsrisiko zu minimieren.

Sobald das Myzel in der Petrischale ausreichend gewachsen ist, kann es auf das gewünschte Substrat übertragen werden, um neue Kolonien zu bilden. Verwenden Sie dazu sterile Werkzeuge, um das Myzel aus der Petrischale zu entfernen und auf das Substrat zu übertragen. Stellen Sie sicher, dass das Substrat sterilisiert ist, um eine Kontamination zu vermeiden.

Ein weiterer wichtiger Faktor für die Gewinnung von Myzel aus anderen Pilzen ist die Wahl des geeigneten Substrats. Stellen Sie sicher, dass das Substrat die notwendigen Nährstoffe enthält und für die Pilze geeignet ist, die Sie klonen möchten. Einige Pilzzüchter bevorzugen bestimmte Substrate wie Körner, Kaffeesatz und Holzspäne. Abschließend sei darauf hingewiesen, dass die Gewinnung von Myzel aus anderen Pilzen ein fortgeschrittener Prozess ist, der viel Erfahrung und Sorgfalt erfordert. Es ist wichtig, alle Schritte sorgfältig zu befolgen, um das Kontaminationsrisiko zu minimieren und die bestmöglichen Ergebnisse zu erzielen.

16. "Seramis Tek" - Das professionellste Rezept

SERAMIS Tek ist eine fortschrittliche Methode, um Pilze auf SERAMIS, einem körnigen Tonsubstrat, zu züchten. Es ist als eine der effektivsten Methoden zum Züchten von Pilzen bekannt und bietet dem Züchter viele Vorteile.

Schritt 1: Beschaffung von Materialien
Um SERAMIS Tek auszuführen, benötigen Sie einige Zutaten, wie zum Beispiel:

- Ceramis-Granulat
- gemahlener Kaffee oder Getreide
- Kalksteinpulver
- desinfizierbare Plastiktüte
- Autoklav oder Schnellkochtopf
- sterile Schachtel
- Eine Sprühflasche mit 70 % Isopropylalkohol
- ein Impfstoff aus Myzel oder Sporen

Schritt 2: Untergrundvorbereitung
Zunächst muss das SERAMIS Tongranulat von Staub und anderen Verunreinigungen gereinigt werden. Legen Sie es einfach in ein Sieb unter fließendem Wasser und waschen Sie es. Anschließend muss das Granulat sterilisiert werden, um Pilzsporen und Bakterien abzutöten. Das Granulat im Autoklaven oder Schnellkochtopf mindestens 60 Minuten auf 121 °C erhitzen.

Nach der Sterilisation sollte das Granulat gekühlt und getrocknet werden. In der Zwischenzeit können Sie gemahlenen Kaffee oder Getreide- und Kalksteinpulver zubereiten. Beide Substanzen dienen dem Myzel als Nahrung und helfen auch, den pH-Wert des Substrats zu regulieren. Schrot und Kalksteinmehl müssen ebenfalls sterilisiert werden.

Schritt 3: Impfung

Das Substrat muss dann in einen sterilisierbaren Plastikbeutel gegeben und geimpft werden. Als Impfstoffe können entweder Mycelien oder Sporen verwendet werden. Wenn Myzel verwendet wird, muss es in eine sterile Glasflasche gefüllt und mit einem sterilen Skalpell in kleine Stücke geschnitten werden, bevor es in das Substrat gegeben wird.

Wenn Sie Sporen als Impfstoff verwenden möchten, müssen Sie zuerst eine Sporenspritze herstellen. Wie das geht, haben wir bereits im vorigen Kapitel erklärt. Nachdem Sie die Sporenspritze vorbereitet haben, müssen Sie sie in das Substrat injizieren. Stecken Sie dazu die Nadel einer Sporenspritze in ein kleines Loch in einer Plastiktüte und sprühen Sie die Sporen gleichmäßig auf das Substrat.

Schritt 4: Inkubation

Nach dem Beimpfen des Substrats muss es kultiviert werden, um das Myzel zu züchten. Bewahren Sie die Plastiktüte vor direkter Sonneneinstrahlung und an einem warmen Ort mit einer Temperatur von 20-25°C auf. Myzel dauert etwa 2-3 Wochen.

Nachdem das Glas vollständig abgekühlt ist, kann die Inkubation beginnen. Das Myzel wächst nun im Dunkeln bei einer konstanten Temperatur von etwa 24-26 Grad Celsius für etwa 1-2 Wochen.

Während der Inkubation ist es wichtig, das Myzel regelmäßig auf Anzeichen einer Kontamination zu überprüfen. Eine Kontamination kann durch das Auftreten von Schimmel oder anderen unerwünschten Organismen identifiziert werden. Wenn eine Kontamination festgestellt wird, sollte das betroffene Glas sofort isoliert und entfernt werden, um zu verhindern, dass sich die Kontamination auf anderes Glas ausbreitet.

Sobald die Inkubation abgeschlossen ist, kann das Myzel auf das Substrat übertragen werden, das für das Pilzwachstum verwendet wird. Dazu wird das Mycel vom Glas entfernt und in das Substrat eingearbeitet.

Die Seramis Tek-Methode ist eine der professionellsten und zuverlässigsten Methoden, um Pilze zu züchten. Seine Wirksamkeit und Benutzerfreundlichkeit machen es bei Hobbyzüchtern und Profis gleichermaßen beliebt. Mit Übung und Geduld kannst Du mit dieser Methode hochwertige Pilze züchten und Dich an einer reichen Ernte erfreuen.

17. Pilzanbau auf Getreidebrut in großen Glasbehältern

Der Anbau von Pilzen in großen Flaschenkulturen ist eine gängige Praxis, um große Mengen an Pilzen anzubauen. Es gibt viele verschiedene Getreidearten, die zum Anbau von Pilzen verwendet werden können, aber Hafer und Weizen sind die beliebtesten.

Produktion von Körnerbrut
Um mit der Herstellung einer Körnerbrut zu beginnen, benötigen Sie zunächst ein sauberes, steriles Glas. Körner müssen gewaschen und über Nacht eingeweicht werden. Danach werden die Körner in einem Topf mit Wasser weich gekocht. Anschließend abgießen und abkühlen lassen, bevor es in Gläser gefüllt wird.

Das Glas sollte zu 3/4 mit Getreide gefüllt sein, um Platz für das Myzel zu lassen. Das Müsli muss fest in das Glas gedrückt werden, damit es sich gleichmäßig verteilt. Eine Möglichkeit, Getreide zu sterilisieren, besteht darin, es in einen Schnellkochtopf zu geben und etwa 90 Minuten lang bei 15 PSI zu kochen.

Impfung
Sobald das Getreide im Glas ist, muss es geimpft werden. Injizieren Sie dazu mit einer sterilen Nadel eine kleine Menge des gewünschten Pilzmyzels in das Korn. Das Myzel breitet sich langsam im Korn aus und bildet eine dichte Schicht.

Inkubation
Stellen Sie die Gläser nach der Inokulation zum Inkubieren an einen dunklen, warmen Ort. Die ideale Temperatur für die meisten Pilze liegt bei 23-25°C. Es ist wichtig, das Glas täglich zu überprüfen, um sicherzustellen, dass das Myzel gleichmäßig gewachsen ist und keine Kontamination aufgetreten ist. Shake
Wenn das Myzel dicht und gleichmäßig wächst, ist es Zeit, das Glas zu schütteln. Dies ist notwendig, um das Myzel zu verteilen und eine maximale Pilzausbeute zu gewährleisten. Schütteln Sie das Glas vorsichtig, um das Myzel nicht zu beschädigen.

Anbau
Sobald das Myzel das gesamte Korn durchdrungen hat, ist das Glas bereit für die Kultivierung. Gießen Sie dazu das Getreide in eine Schüssel und bedecken Sie es mit Wasser. Um die Körner zu hydratisieren, sollten sie mindestens 12 Stunden in Wasser eingeweicht werden. Das Korn kann dann in ein Kulturgefäß gegeben werden, das mit einer Substratschicht und einer Schicht Beschichtungsmaterial bedeckt ist.

Pilzernte
Pilze wachsen normalerweise und können innerhalb weniger Wochen geerntet werden. Wichtig ist, die Pilze nicht lange auf dem Substrat zu belassen. Sonst verliert man schnell an Qualität. Pilze werden sorgfältig gepflückt, am Stiel gedreht und herausgezogen. Sobald sich der Fruchtkörper gebildet und vollständig entwickelt hat, ist er bereit für die Ernte. Es muss regelmäßig überprüft werden, ob sich neue Pilzkörper bilden. Es ist wichtig, rechtzeitig zu ernten. Andernfalls können Potenz und Qualität verloren gehen. Um Pilze zu ernten, drehen Sie sie vorsichtig oder schneiden Sie sie mit einer sauberen Schere. Achten Sie darauf, es nicht zu zerquetschen oder zu beschädigen.

Nach der Ernte sollten die Gläser für die nächste Champignonrunde gründlich gereinigt werden. Die Gläser können mit heißem Wasser und einem milden Spülmittel gewaschen werden. Vor dem erneuten Befüllen gut ausspülen und erneut sterilisieren.

Insgesamt ist der Anbau von Pilzen in großen Getreidebehältern eine hervorragende Möglichkeit, um eine konstante Versorgung mit frischen, potenten Pilzen sicherzustellen, die gezüchtet und geerntet werden können. Denken Sie daran, dass hygienisches Arbeiten und die Aufrechterhaltung einer sauberen Umgebung wichtig sind, um das Kontamination's Risiko zu minimieren und eine erfolgreiche Ernte sicherzustellen.

18. Vorteile des Pilzanbaues auf Getreidebrut in Blumenschalen

Der Anbau von Pilzen in einer Blumenschale aus Körner-Brut hat mehrere Vorteile gegenüber anderen Anbaumethoden. Nachfolgend sind einige dieser Vorteile aufgeführt.

benutzerfreundlich:
Das Einpflanzen von Pilzen in die Blumenschale Körner-Brut ist einfach und erfordert keine besonderen Fähigkeiten oder Werkzeuge. Jeder, der etwas Zeit und Interesse hat, kann es tun.

Niedriger Preis:
Die Materialkosten sind relativ gering. Blumentöpfe und Körner sind erschwinglich und in den meisten Heim- und Gartencentern erhältlich. Platzsparend:
Im Gegensatz zu anderen Anbaumethoden nimmt das Wachsen von Pilzen in einer Blumenschalen-Kornbrut nicht viel Platz ein. Sie können eine große Menge Pilze aus einer Blumenschale produzieren. Mehrere Schalen können platzsparend gestapelt werden.

Schnelle Ernte:
Pilze, die in Körner und Getreidebrut in Blumenkisten gezüchtet werden, wachsen schnell und können normalerweise innerhalb weniger Wochen geerntet werden. So können Sie Ihre erste Ernte sofort genießen.

Hohe Ausbeute:
Das Züchten von Pilzen in Körner-Brut in Blumenschalen ergibt einen hohen Ertrag. Mit der richtigen Pflege können Sie mehrere Ernten aus einem Topf erzielen.

Verwaltungsbedingungen:
Wenn Sie Pilze in der Körner-Brut der Blumenschale züchten, können Sie die Bedingungen leicht kontrollieren. Luftfeuchtigkeit, Temperatur und Belüftung können angepasst werden, um eine optimale Wachstumsumgebung zu schaffen.

Diversität:
Die Methode, Getreidebrut in der Blumenschale zu züchten, ermöglicht es Ihnen, viele verschiedene Arten von Pilzen zu züchten, darunter Shiitake, Champignons und Austernpilze. Verschiedene Körner können verwendet werden, um unterschiedliche Aromen und Texturen zu erzielen.

Nachhaltigkeit:
Die Zucht von Pilzen mit Körner-Brut in Blumenbeeten ist eine nachhaltige Anbaumethode, da sie keine Chemikalien oder Düngemittel benötigt. Sie können auch übrig gebliebene Getreidebrut als Dünger für Ihre Pflanzen verwenden.

Insgesamt hat der Anbau von Pilzen in Blumentopf-Getreidebrutpflanzen viele Vorteile, was sie zu einer attraktiven Option für Heimwerker macht. Es ist eine einfache, kostengünstige und effektive Möglichkeit, eine nachhaltige Quelle für frische, gesunde Pilze zu schaffen.

www.ingramcontent.com/pod-product-compliance
Lightning Source LLC
Chambersburg PA
CBHW071145220526
45467CB00015B/1925